おべんきょうチェック☆シート

いっしょに
ワクワク！チャレンジ
を はじめよう。

もくひょう
らん

できたら
シールを はろう！

スタート

1

2

3

あまい
くりぃむを
たくさん たべたい♡
7

6

4

8

5

9

ゴールを めざして
ひとつずつ やってね。
おうえんするよ。

10

はむすたあ
ハムスターと
うさぎさん
はっけん。
14

11

12

13

15

キラキラ ひかる
うみで およぎたい♡
19

20

18

17

16

1から100までの数

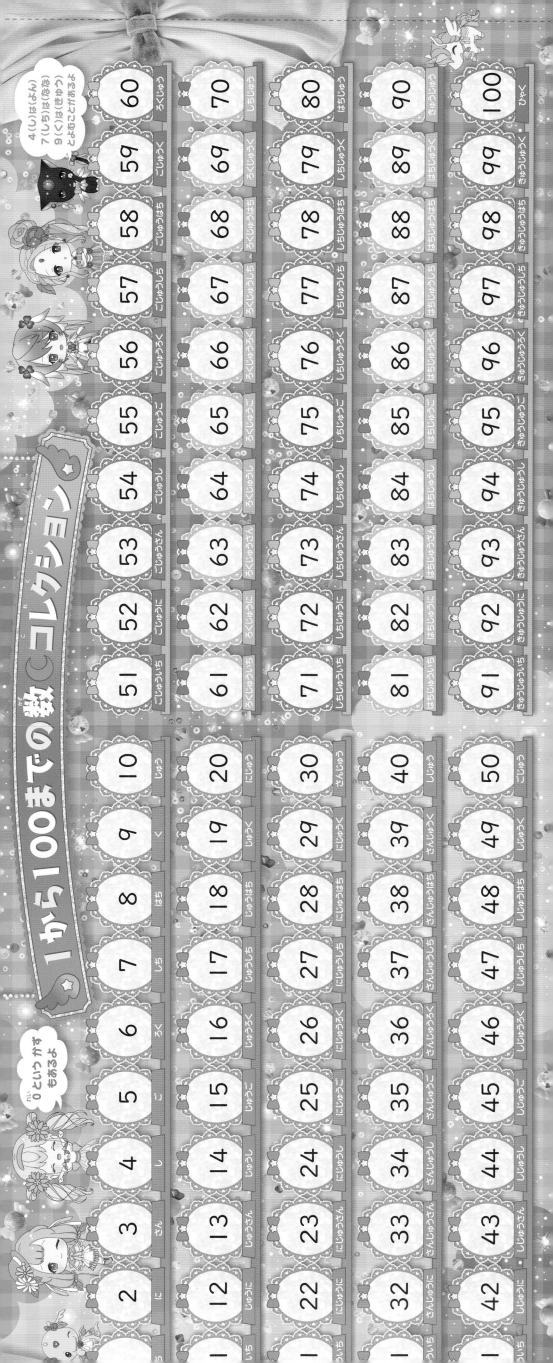

2 に	3 さん	4 し	5 ご	6 ろく	7 しち	8 はち	9 く	10 じゅう
12 じゅうに	13 じゅうさん	14 じゅうし	15 じゅうご	16 じゅうろく	17 じゅうしち	18 じゅうはち	19 じゅうく	20 にじゅう
22 にじゅうに	23 にじゅうさん	24 にじゅうし	25 にじゅうご	26 にじゅうろく	27 にじゅうしち	28 にじゅうはち	29 にじゅうく	30 さんじゅう
32 さんじゅうに	33 さんじゅうさん	34 さんじゅうし	35 さんじゅうご	36 さんじゅうろく	37 さんじゅうしち	38 さんじゅうはち	39 さんじゅうく	40 しじゅう
42 しじゅうに	43 しじゅうさん	44 しじゅうし	45 しじゅうご	46 しじゅうろく	47 しじゅうしち	48 しじゅうはち	49 しじゅうく	50 ごじゅう
51 ごじゅういち	52 ごじゅうに	53 ごじゅうさん	54 ごじゅうし	55 ごじゅうご	56 ごじゅうろく	57 ごじゅうしち	58 ごじゅうはち	59 ごじゅうく	60 ろくじゅう
61 ろくじゅういち	62 ろくじゅうに	63 ろくじゅうさん	64 ろくじゅうし	65 ろくじゅうご	66 ろくじゅうろく	67 ろくじゅうしち	68 ろくじゅうはち	69 ろくじゅうく	70 しちじゅう
71 しちじゅういち	72 しちじゅうに	73 しちじゅうさん	74 しちじゅうし	75 しちじゅうご	76 しちじゅうろく	77 しちじゅうしち	78 しちじゅうはち	79 しちじゅうく	80 はちじゅう
81 はちじゅういち	82 はちじゅうに	83 はちじゅうさん	84 はちじゅうし	85 はちじゅうご	86 はちじゅうろく	87 はちじゅうしち	88 はちじゅうはち	89 はちじゅうく	90 きゅうじゅう
91 きゅうじゅういち	92 きゅうじゅうに	93 きゅうじゅうさん	94 きゅうじゅうし	95 きゅうじゅうご	96 きゅうじゅうろく	97 きゅうじゅうしち	98 きゅうじゅうはち	99 きゅうじゅうく	100 ひゃく

0 といういう かず もあるよ

4（し）は（よん）
7（しち）は（なな）
9（く）は（きゅう）
とよむことがあるよ

この ドリルの つかいかた

れんしゅうの ページ

おたのしみの ページ

まとめの ページ

1ねんせいで ならう
さんすうの もんだいを
れんしゅうするよ。
できたら おうちの ひとに
こたえあわせを
してもらおう!

かんがえる
ちからを つける
もんだいに チャレンジ!
もんだいぶんを よく よんで
ぜんもんせいかいを
めざそう♪

これまでに
れんしゅうした
もんだいを
ふくしゅうするよ!
まんてんを めざして
がんばろう♪

おうちの方へ

★ このドリルでは，1年生で習う算数の問題のうち，計算問題を中心に掲載しています。

★ 解答は 101〜112 ページにあります。問題を解き終えたら，答え合わせをしてあげてください。

おとなの まほうつかいに なりたい おんなのこたちの おはなし

まほうおうこくの かがやく なかまたちが やってきた。

 ## いっしょに がんばる おともだち

この ほんに たくさん でてくる おともだちだよ。 いっしょに がんばろう！

シエル

みんなの
おにいさんてき
そんざい。
こまった ときに
そっと たすけて
くれるよ。

デイジー

・まほうつかいみならいの
　げんきな おんなのこ。
・うみや やまで
　あそぶのが だいすき！

ピオニー

・まほうつかいみならいの
　クールな おんなのこ。
・おはなを そだてるのが
　とくいなの。

かんじや アルファベットの
ほんに たくさん でてくる
おともだちも
しょうかいするよ！ この
ほんにも いるからね！

ダリア　モカ

アッサム

・デイジーの おはなに
　まもられて いるよ。
・とっても やさしい
　おとこのこなの。

チャイ

・ピオニーの おはなに
　まもられて いるの。
・ちょっと くいしんぼうな
　おとこのこだよ。

ラテ　アイリス

① なかまづくり

月 日

こたえ101ページ

❤ えを みて こたえよう。

ネックレス

リング

わたしの
ほうせきばこの
なかを
みせちゃうよ！

イヤリング

ブローチ

①  を 〇で かこもう。

②  の ほうせきが ついて

いるのは どの アクセサリーかな。

5

2 えを みて こたえよう。

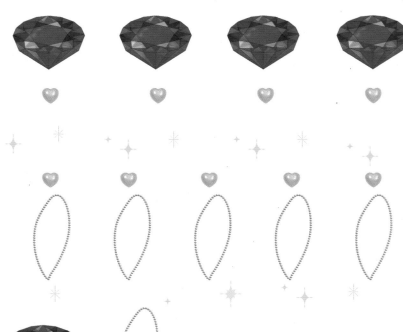

1  と ⬭ を ひとつ ずつ

せんで むすぼう。

2 おおい ほうに ○を
つけよう。

まほうの
いしの
ネックレスを
つくりましたの。
デイジーに
プレゼント
しますね。

月 日

こたえ101ページ

かわいい
ヘアピンですね。
いくつ あるの
かしら？

1 すうじを かこう。

いち

1 1 1

に

2 2

さん

3 3

し（よん）

4 4

ご

5 5

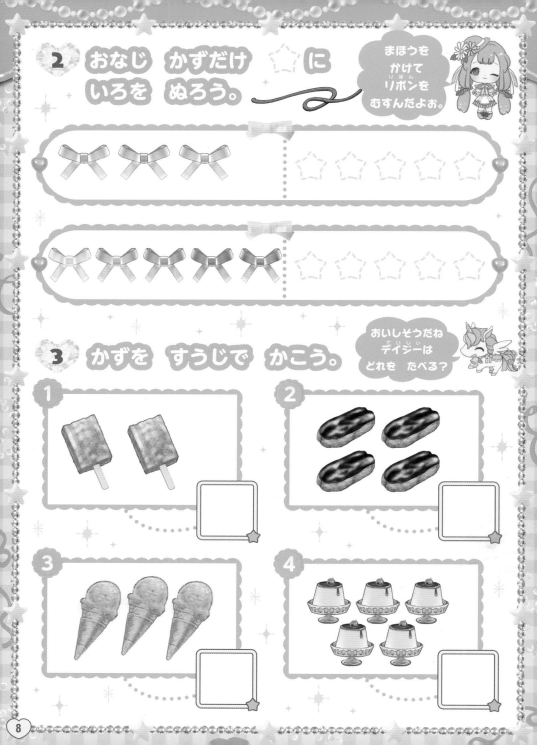

2 おなじ かずだけ ☆に いろを ぬろう。

まほうを かけて リボンを むすんだよぉ。

3 かずを すうじで かこう。

おいしそうだね デイジーは どれを たべる？

① ② ③ ④

こたえ101ページ

月日

いろんな
かたちの
ほうせきが
ありますわ。

1 すうじを かこう。

ろく

6　6

しち（なな）

7　7

はち

8　8

く（きゅう）

9　9

じゅう

10　10

② かずを すうじで かこう。

①

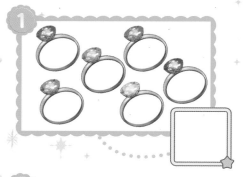

②

③

④

⑤

きゃー！
かわいい
アクセサリーが
たっくさん！
どれに しようか
まよっちゃう！

どれも
にあいそうだね。

なにも ない ことを 0って いうのですね。

1 すうじを かこう。

れい

0　0

2 かずを すうじで かこう。

①

②

③

④

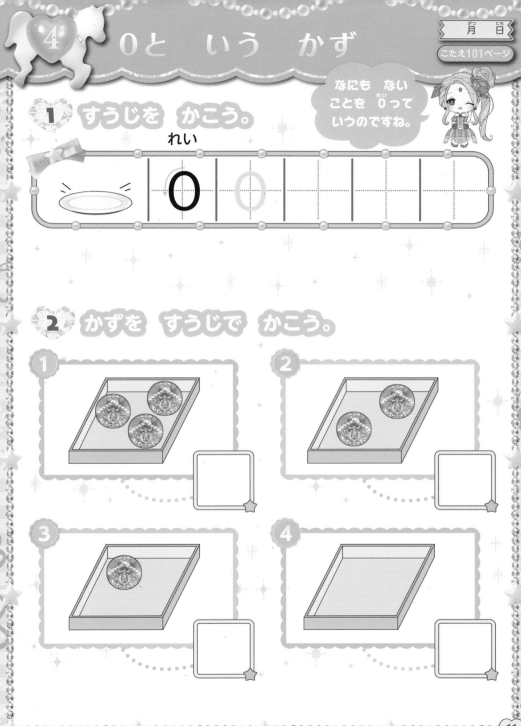

3 ネックレスに ついている ほうせきの かずを すうじで かこう。

おきにいりの
ほうせきを
まほうで
ネックレスに
へんしんさせた
のお。

かわいい
ネックレスだね。

12

5 かんがえる ちからを つけよう

1

まほうの いしを つかって
すてきな ティアラを つくろう!

アッサム! ▦を 4ことと ◆を
3こ つかって ティアラを つくって
みたの! わたしが つくった
ティアラは どれか わかるかな?

まほうの いしは
なんこ つかったかな?
もんだいぶんを よく
よもうね。

きょうは ほうきを つかって
そらを とんでみよう。
みんな どの ほうきに
のれば いいかな?

ぼうしの ★の かずと おなじ
すうじが かいてある ほうきに のるんだよ!
せんで むすんで みよう。

1 おなじ かずを せんで むすぼう。

まちがえない ように せんで むすぶには, どうしたら いいのぉ？

4

2

3

5

しるしを つけながら かぞえると, うまく いきますわ。

2 おなじ かずを せんで むすぼう。

8

7

10

9

3 うえの ずの アクセサリーの かずを かぞえて したの 1 から 4 に かずの ぶんだけ いろを ぬって □ に かずを かこう。

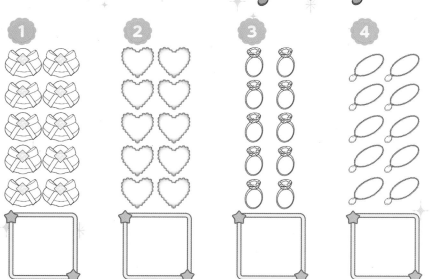

① ② ③ ④

みてみて！
マジカル
アイテムを
てに いれた
よぉ！

まほうレベルを
あげられるように
がんばろうね！

1 おおきい　ほうに　○を　かこう。

1 3 ⋯⋯ 2

おおきいのは
どっちなのぉ？
わかんないよぉ…。

2 5 ⋯⋯ 7

3 1 ⋯⋯ 6

チャイ。
だいじょうぶですわ。
まよったら
1から　じゅんばんに
かぞえて　みれば
いいですよ。

4 8 ⋯⋯ 4

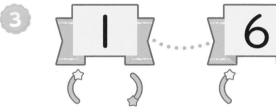

5 9 ⋯⋯ 10

2 ♡に あてはまる かずを かこう。

1 | 1 | 2 | 3 | ♡ | 5 |

2 | 6 | ♡ | 8 | 9 | 10 |

3 | 4 | 5 | 6 | 7 | ♡ |

4 | 9 | 8 | ♡ | 6 | 5 |

5 | ♡ | 6 | 5 | 4 | 3 |

すうじを つかった
まほうは
どんなのが あったかなぁ？
まほうじてんで
しらべてみるねっ。

わからないことを
じぶんで
しらべるのって
たいせつだよね。

1 えを みて □ に かずを かこう。

まえ　　　　　　　　　　　　　　　　うしろ

① は　まえから　□ ばんめ

ともだちが
あそびに
きたね。

② は　うしろから　□ ばんめ

だれが
なんばんめに
いるかな？

③ は　まえから　□ ばんめ

④ は　まえから　□ ばんめ

⑤ は　うしろから　□ ばんめ

2  に いろを ぬろう。

まほうで
1もんめだけ
ヒントを
だしますね。

1 ひだりから　2こ<u>め</u>

ひだり  みぎ

2 ひだりから　2こ

ひだり  みぎ

3 みぎから　5こめ

ひだり  みぎ

4 みぎから　5こ

ひだり  みぎ

1 えを みて □ に かずを かこう。

うえ

① は うえから

☐ ばんめ

②  は したから

☐ ばんめ

「うえ」か
「した」か
もんだいを
よくみよー！

どこから
かぞえたら
いいんだろう？

 した

③ 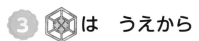 は うえから ☐ ばんめ

④ 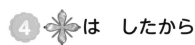 は したから ☐ ばんめ

21

2 えを みて ☐ に かずを かこう。

ひだり 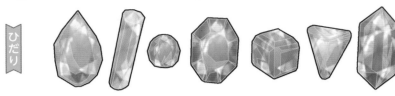 みぎ

1 ◆ は みぎから 4ばんめ,

ひだりから ☐ ばんめ

2 ▼ は みぎから ☐ ばんめ,

ひだりから ☐ ばんめ

3 ◆ は みぎから ☐ ばんめ,

ひだりから ☐ ばんめ

ほうせきを ならべて
おきにいりの ブレスレットを
つくりますわ。

22

月日（がつ にち）　こたえ103ページ

まほうじんを　つかって
すきな　ものを　よびだそう！

わー！　いいね！　パンケーキ（ぱんけえき）とか
よびだしたいな！　こんな　もようの
まほうじんを　かいて　みたよ！
あいている　ところには　どんな
もようが　はいるかな？

あてはまる
もようを
かこう！

もようには
なにか
きまりが
ありそうだね。

23

まほうの ほんを 1かんから
10かんまで じゅんばんに
ならべて かたづけるよ。

ならべて かたづける ときの じゅもんは…
「るかけたづ★てなべら」 だね。

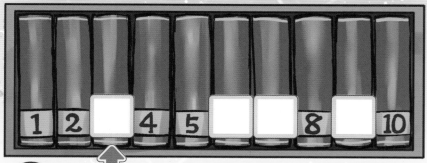

| 1 | 2 | | 4 | 5 | | | 8 | | 10 |

じゅんばんに ならべて
□□に かずを かこう!

アイリス さすがだね!!
じゅんばんどおりに ならべられて いるかな?

1 5は　いくつと　いくつかな。

① 1と ☐　　　　**②** 2と ☐

③ 3と ☐　　　　**④** 4と ☐

2 6は　いくつと　いくつかな。

① 1と ☐　　　　**②** 2と ☐

③ 3と ☐　　　　**④** 4と ☐

⑤ 5と ☐

まほうで
2つの　かずに
わけちゃうぞお！

25

❤3 6に なるように せんで むすぼう。

❤4 ☐に あてはまる かずを かこう。

① 5
3 ☐

5は 3と
なにかな？

② 6
☐ 1

③ ☐
4 1

4と 1で
いくつ～？

④ ☐
2 4

26

12 いくつと いくつ⑵

1 7は いくつと いくつかな。

① 1と ☐　② 3と ☐

③ 5と ☐　④ 6と ☐

2 8は いくつと いくつかな。

① 1と ☐　② 2と ☐

③ 4と ☐　④ 5と ☐

3 8に なるように せんで むすぼう。

4 ☐に あてはまる かずを かこう。

① 7
2 ☐

かずが
おおきく
なっても
だいじょうぶ
ですわ。

② 8
☐ 4

③ ☐
4 3

おちついて
がんばろう〜。

④ ☐
2 6

こたえ104ページ

1 9は いくつと いくつかな。

1 1と ☐

2 2と ☐

3 4と ☐

4 7と ☐

2 10は いくつと いくつかな。

1 1と ☐

2 3と ☐

3 5と ☐

4 6と ☐

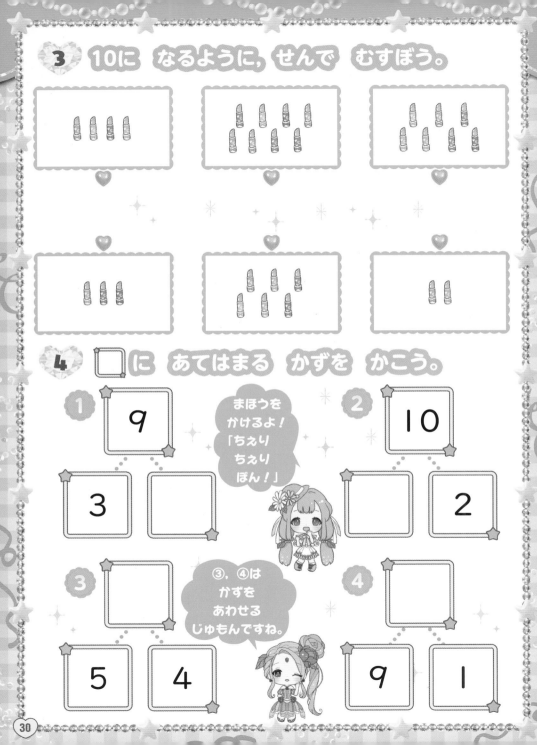

3 10に なるように, せんで むすぼう。

4 ☐ に あてはまる かずを かこう。

① 9 / 3 / ☐

まほうを かけるよ！ 「ちぇり ちぇり ぽん！」

② 10 / ☐ / 2

③ ☐ / 5 / 4

③, ④は かずを あわせる じゅもんですね。

④ ☐ / 9 / 1

30

14　まとめてすと①

こたえ104ページ

月　日

てん

1　おなじ　かずを　せんで　むすぼう。 1つ　5てん

3

6

5

4

2　おおきい　ほうに　○を　かこう。 1つ　5てん

① 7　3　② 10　1

③ 5　4　④ 8　9

まえ  うしろ

 は まえから □ ばんめ,

うしろから □ ばんめ

4 □ に あてはまる かずを かこう。 1つ 10てん

1 7は 2と □

2 9は □ と4

3 8は 6と □

4 10は □ と3

かずを あわせる じゅもん 「ちぇりちぇりぽん」を つかっちゃおー!

○を かいて かんがえても いいですわね。

15 かんがえる ちからを つけよう 3

①

月 日　こたえ104ページ

はこの なかに まほうの いしが
なんこ あるのか, しらべる
まほうが あるんだって。

そうなの？ まほうの いし 10こを,
2つの はこに わけて いれたよ。

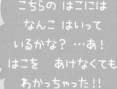

こちらの
はこには 7こ
はいって いるね!

こちらの はこには
なんこ はいって
いるかな? …あ!
はこを あけなくても
わかっちゃった!!

こ

へんしんを　する　ための
コンパクトを　たくさん
もってきたよ！　あと　なんこで
１０こに　なるかな…？？

① こたえ

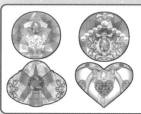

こ

えー！　いいなあー！
わたしも　へんしんアイテムを　あつめたんだ！
ぜんぶで　コンパクトを　５こ，ステッキを
６ぽんに　したいんだけど…　あと　いくつ
あつめると　いいのかな？

② コンパクトを　　　　　こと

ステッキを　　　　　ぼん

月 日
こたえ105ページ

1 ☐に かずを かこう。

まほうで ケーキを だしたよ！

1 2こ　　　　3こ

あわせて　なんこ？

あわせて なんこかな？

しき ☐ ＋ ☐ ＝ ☐

こたえ ☐ こ

2 6ぽん　　　　2ほん

ものを ふやす じゅもんだよぉ。 「やすふのも！」

ふえると　なんぼん？

チャイ, さすがですわ。 …ふえると なんぼんに なったかしら？

しき ☐ ＋ ☐ ＝ ☐

こたえ ☐ ほん

2 たしざんを しよう。

こたえの
まえには
「＝」の
きごうを
かこうね！

① 1＋2

② 3＋4

③ 4＋4

④ 6＋1

⑤ 7＋2

⑥ 9＋1

3 いちごあじの グミが 2こ
れもんあじの グミが 7こ あるよ。
あわせて なんこかな？

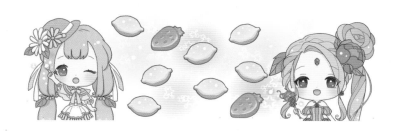

 しき

「あわせて」は
どんな しきに
するのー？？

こたえ こ

36

17 たしざん⑵

1 □に かずを かこう。

おひるごはんは パンに しましょう。

1　　4こ　　　　　　4こ

おいしそう～！ ぜんぶで なんこかなぁ？

ぜんぶで　なんこ？

しき　□ ＋ □ ＝ □

こたえ □ こ

2　　3こ　　　　　　6こ

みてみて！ いろがみで ほしを つくったよ！

まほうを かけて ほんものの おほしさ まに しちゃおう！ あわせて なんこに なる？

あわせて　なんこ？

しき　□ ＋ □ ＝ □

こたえ □ こ

37

2 ❤ たしざんを しよう。

① 5＋1   **②** 2＋3

③ 8＋2   **④** 1＋7

⑤ 4＋5   **⑥** 6＋2

3 ❤ しろねこが 5ひき
くろねこが 3びき いるよ。
あわせて なんびきかな？

しき

[   ]

なんびきの
ねこと
あそんだのかな？

こたえ [   ] ひき

18 たしざん(3)

1 ☐ に かずを かこう。

きれいな ペンだね！

① 6ぽん   3ぼん

まほうを かけて かわいくしたの！ ぜんぶで なんほん あるかな？

ぜんぶで なんぼん？

しき ☐ ＋ ☐ ＝ ☐

こたえ ☐ ほん

② 2ひき   5ひき

わあ！あめが ふってきたよぉ～。 てんとうむしが こまってる！

あわせて なんびき？

あわせて なんびき いるのかしら？わたしが まほうで かさを だして あげますわ。

しき ☐ ＋ ☐ ＝ ☐

こたえ ☐ ひき

2 たしざんを しよう。

① 2+2   **②** 5+3

③ 3+7   **④** 6+4

⑤ 1+8   **⑥** 5+5

まほうも けいさんも れんしゅうが だいじですね。

3 おまじないの ほんが 3さつと まほうの ノートが 3さつ あるよ。 あわせて なんさつかな？

しき

りっぱな まほうつかいに なるぞー！

こたえ   さつ

ひきざん⑴

1 ◇ ▢ に かずを かこう。

おいしそうな クッキーが 4まいある!

1 4まい　　　1まい　たべる

1まい たべると のこりは なんまい かしら?

のこりは なんまい?

しき ▢ − ▢ = ▢

こたえ ▢ まい

2 いぬ　7ひき　　ねこ　2ひき

かわいいね。 こいぬと こねこが いるよ。

こいぬと こねこの ちがいは なんびき だろー?

ちがいは なんびき?

しき ▢ − ▢ = ▢

こたえ ▢ ひき

2 ひきざんを しよう。

ひきざんも
とくいに
しちゃいましょう。

① 3−2

② 6−4

③ 8−5

④ 9−1

⑤ 5−3

⑥ 7−6

3 きに りんごが 9こ あるよ。
3こ とると のこりは
なんこかな?

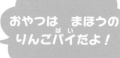
しき

おやつは まほうの
りんごパイだよ!

こたえ ☐ こ

1 □に　かずを　かこう。

プレゼント
ほしいなぁ。

1 6こ　　　3こ　あげる

よし！　3こ
あげちゃうよ！
のこりは
なんこになる？

のこりは　なんこ？

しき　□　−　□　＝　□

こたえ　□　こ

2 8まい　　　6まい

かわいい
シールだぁ〜！

ちがいは　なんまい？

あかと　あおでは
ちがいは
なんまいかしら？

しき　□　−　□　＝　□

こたえ　□　まい

2 ひきざんを しよう。

たっくさん
れんしゅう
するぞー！

1 5−1

2 4−3

3 7−4

4 3−1

5 9−5

6 8−2

3 ふうせんが 5こ あるよ。
2こ とんで いくと
のこりは なんこかな？

しき

あ！！
とんで いっちゃった！

こたえ ▢ こ

ひきざん⑶

1 □に　かずを　かこう。

じゅもんを
れんしゅうしたよ。

1　　9まい　　4まい　つかう

えらいね
アッサム！
びんせんの
のこりは
なんまい？

のこりは　なんまい？

しき　□ － □ ＝ □

こたえ □ まい

2 7こ　　　　　3こ

きょうの
おやつは
プリンと
ケーキ♪

まほうで
つくりましたの。
ちがいは
なんこかしら？

ちがいは　なんこ？

しき　□ － □ ＝ □

こたえ □ こ

2 ひきざんを しよう。

ひきざんには なれてきたかな?

① 4−2　　　② 9−7

③ 6−5　　　④ 8−4

⑤ 9−3　　　⑥ 10−2

3 たまごが 8こ あるよ。 7こ ひよこに なると のこりの たまごは なんこかな?

しき

「すかえごまた!!」 たまごを ひよこに する じゅもんだよ!

こたえ　　　　こ

1 ◻ に かずを かこう。

> マカロンが 3ことだね 0こだね。

1 3こ　　　　0こ

> あわせて なんこに なるかなぁ？

あわせて　なんこ？

しき ◻ ＋ ◻ ＝ ◻

こたえ ◻ こ

2 8まい　8まい　たべる

> きょうは パーティーですわ。

> ぜんぶ たべちゃおー！ のこりは なんまいになるのぉ？

のこりは　なんまい？

しき ◻ － ◻ ＝ ◻

こたえ ◻ まい

2 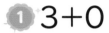 けいさんを しよう。

なにも ないこと
が 0でしたね。

① 3+0

② 0+2

③ 3−3

④ 7−0

⑤ 0+9

⑥ 5−5

3 きんぎょすくいに きたよ。
きんぎょが 9ひき いるよ。
1ぴきも すくえないと のこりは
なんびきかな？

しき

きんぎょすくいって
むずかしいよー！

こたえ ☐ ひき

1 たしざんを しよう。 1つ 5てん

① 3+5

② 7+2

③ 5+5

④ 6+4

⑤ 0+2

⑥ 9+0

2 ひきざんを しよう。 1つ 5てん

① 8−2

② 4−3

③ 10−6

④ 10−9

⑤ 3−0

⑥ 7−7

3 バニラクッキーを 3まい チョコレートクッキーを 7まい やいたの。 ぜんぶで なんまい やいたかな?

しき 10てん こたえ 10てん

しき

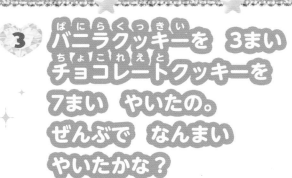

もっと たくさん たべたいなぁ! まほうで ふやせると いいんだけど…。

こたえ ⬚ まい

4 いちごが 8こ あるよ。 6こ たべちゃうと のこりは なんこに なるかな?

しき 10てん こたえ 10てん

しき

いちご だいすき! 「のこりは」 だから どんな しきかな?

こたえ ⬚ こ

50

4

月 日　　こたえ106ページ

① まほうを　つかって　かくれた
きごうを　みつけちゃおう！

こんぱくとで　きごうが
かくれちゃったの。かくれた
きごうは　十かな？　一かな？
チャイ！　おしえてー！！

れい　2 〇 3=5 ➡ 2 [+] 3=5

① 4 〇 3=7 ➡ 4 [　] 3=7

② 8 〇 2=6 ➡ 8 [　] 2=6

③ 9 〇 1=8 ➡ 9 [　] 1=8

② ほうせきばこに かぎが かかって いるよ。□に すうじを いれて, かぎを あけよう。

けいさんを して,こたえを □に かくよ。3に 2を たすと, 3＋2＝5だから 5を かくんだね。

6を ひく

3

2を たす

え

5

7を たす

3を たす

う

あ

い

5を ひく

1を ひく

うまく すうじを いれられたら かぎが あくんだね!

52

1　かずを　すうじで　かこう。

10こを　○で　かこむと　わかりやすいですわ。

1

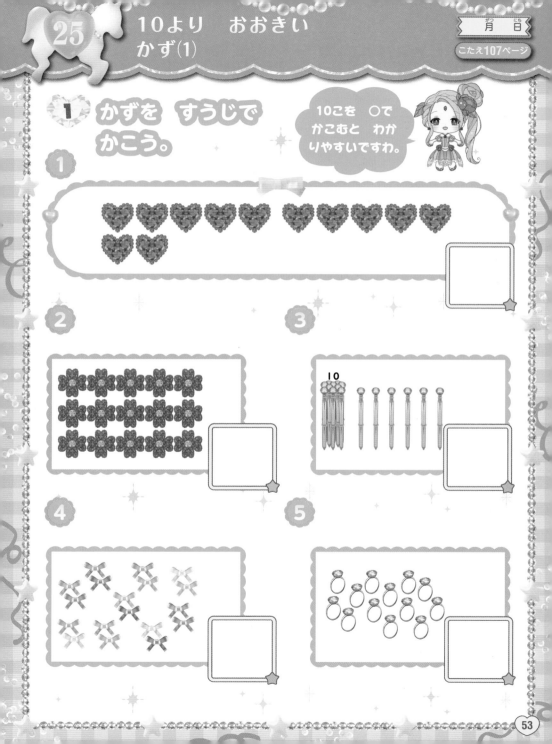

2

3

10

4

5

2 ◇ ☐ に あてはまる かずを かこう。

1 10と 3で ☐

2 17は 10と ☐

3 19は ☐ と 9

えー？ かずを
あわせるの？
わけるの？
どっちー？？

もんだいを
よく みて
かんがえるのです。
デイジーなら
できますわ。

3 ◇ ☐ に あてはまる かずを かこう。

1 14
10と
いくつ
かな？
10 ☐

2 11
☐ 1

3 ☐
10 6

4 ☐
10 10

54

10より おおきい かず⑵

1 □に あてはまる かずを かこう。

1つの めもりは 1だね。

① □　② □

0 ——————————— 10

2 おおきい ほうに ○を かこう。

① 11 …… 10

①の かずの せんで みぎに ある かずの ほうが おおきいですわね。

② 9 …… 19

③ 13 …… 14

そっかー！ まほうを つかわなくても わかるんだね！

④ 20 …… 10

3 ♡に あてはまる かずを かこう。

1 8 ・ 9 ・ 10 ・ ♡ ・ 12 ・ 13

2 12 ・ 13 ・ ♡ ・ 15 ・ 16 ・ 17

3 20 ・ 19 ・ 18 ・ 17 ・ ♡ ・ 15

4 ♡ ・ 16 ・ 17 ・ 18 ・ 19 ・ 20

5 18 ・ 17 ・ 16 ・ 15 ・ 14 ・ ♡

20までの かず！
うまく かぞえ
られるかなあ？

なんかいも
れんしゅうすれば
だいじょうぶですわ。

56

1 かずを すうじで かこう。

①

②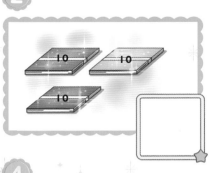

③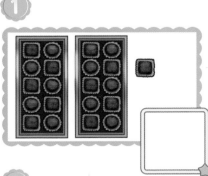

④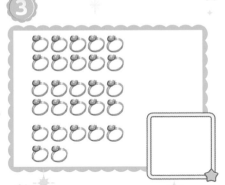

⑤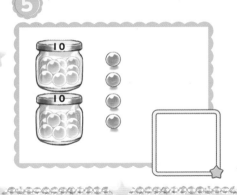

⑥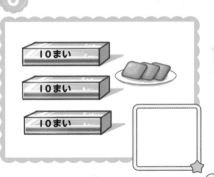

① 26
20 ☐

10の
まとまりを
かんがえれば
いいのね！

② 34
☐ 4

③ ☐
30 I

④ 25
☐ 5

⑤ 30
☐ 10

かずが
おおきく
なっても
おちついてね。

⑥ ☐
20 9

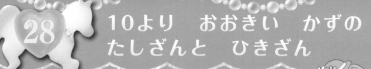

月 日
こたえ107ページ

1 けいさんを しよう。

ずを みて かんがえよう！

1 $10+4=$ ☐

2 $12-2=$ ☐

3 $13+5=$ ☐

4 $19-7=$ ☐

2 ☐に あてはまる かずを かこう。

たすの かな？ ひくの かな？

1

16

☐ 10

2

☐

13 4

3 けいさんを しよう。

10の まとまりを
かんがえましょう。

1 10+5

2 14−4

3 11+3

4 18−4

5 17+2

6 15−3

4 いちごが 14こ あるよ。
3こ たべると のこりは
なんこかな？

しき

チャイ！
わたしの ぶんも
のこして おいてね！

こたえ  こ

1 えを みて こたえよう。

ひとり

3にん のる

ふたり のる

なんにんに なったかな？

 □ + □ + □ = □

わわ！
かずが 3つも
あるよぉ！
むずかしそう…。

こたえ □ にん

だいじょうぶですわ。
じゅんばんに
けいさんして
いきましょう。

2 けいさんを しよう。

① 1+5+3 **②** 2+4+4

③ 4+1+5 **④** 5-1-3

⑤ 9-3-4 **⑥** 8-4-2

3 はちが 9ひき とんでいるよ。
1ぴき すに かえったよ。
あとから 2ひき すに かえったよ。
はちは なんびきに なったかな？

はちさん！
ささないでね！

しき

1つの しきで
あらわしますわ。

こたえ 　　　　 ぴき

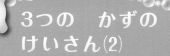

クッキーを やいたよ！

3つの かずの けいさん⑵

1 えを みて こたえよう。

4まい

2まい へる

5まい ふえる

なんまいに なったかな？

しき ☐ ー ☐ ＋ ☐ ＝ ☐

「へる」と ひきざん，
「ふえる」と たしざんに
なるんだよ。

こたえ ☐ まい

2 けいさんを しよう。

1. $6-3+2$ ② $1+8-4$

③ $7+2-5$ ④ $9-5+3$

⑤ $4-3+8$ ⑥ $2+6-5$

3 ペンケースに まほうの ペンが
3ぼん はいって いるよ。
モカに 5ほん もらったよ。
ラテに 4ほん かして あげたよ。
まほうの ペンは なんぼんに
なったかな?

しき

かして あげると
かずは へって
しまいますね。

こたえ [　] ほん

1 □に あてはまる かずを かこう。

1つ 4てん

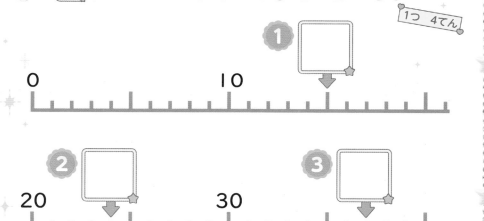

1

0　　　　　　　10

2　　　　　　　　　　**3**

20　　　　　30

2 □に あてはまる かずを かこう。

1つ 5てん

1 10と 10で □

10より
おおきい
かずの
ふくしゅう
ですね。

ぜんもん
せいかいで
レベル
アップだ！

2 14は 10と □

3 28は □と 8　　**4** □は 30と 2

3 けいさんを しよう。

1 10+6

2 12+5

3 14−4

4 17−3

5 4+5+1

6 8−3−3

7 8−3+4

8 1+9−7

4 ブローチが 18こ
リングが 6こ あるよ。
ブローチと リングは
どちらが なんこ
おおいかな？

しき 10てん　こたえ 10てん

しき ☐ − ☐ = ☐

こたえ ☐ が ☐ こ おおい

① 月 日　こたえ108ページ

わあああー たすけてー！ おしろに
はいったら まいごに なっちゃった。
いま 10の へやに いるんだけど,
でぐちまでの みちが わからないよー。

チャイ！？ だいじょうぶ？
チャイの いる 10の へやから
10, 11, 12, …って すすんで,
20の へやまで いけば でぐちだよ！

まほうで ヒントを
だしたよ！
チャイは この
3つの へやの
どこかに いるよ。

10	12	16	15	10
+	+	+	+	
13	10	14	12	18
+	+	+	+	
12	11	15	17	16
+	+	+	+	
13	18	17	18	19
+	+	+	+	
14	15	16	12	20

➡ でぐち

まほうの ステッキに かぎが
かかっているよ。 かぎの 3つの
すうじを たして 18に なれば
ステッキが つかえるよ。

3 7 □

3と 7は
おぼえていたのですが…
あと 1つは どの
すうじ だったかしら?

① 3 7 5

3と 7と 5で かぎは
（ あきます ・ あきません ）

あてはまる
ほうを
◯で
かこもう。

② 3 7 8

3と 7と 8で かぎは
（ あきます ・ あきません ）

68

たしざん ⑷

1 たしざんを しよう。

① $8+3=$ ☐

② $7+5=$ ☐

③ $9+4=$ ☐

④ $8+6=$ ☐

2 ◯に あてはまる かずを かこう。

① $9+6=$ ◯

10 ① ◯

まほうで
ヒントを
だしたよ!

② $8+5=$ ◯

◯ ③

③ $7+6=$ ◯

③ ◯

④ $9+3=$ ◯

◯ ②

3 たしざんを しよう。

① 8+4

② 9+5

③ 9+7

④ 8+7

⑤ 6+5

⑥ 9+8

4 きいろの リボンが 9ほん
ピンクの リボンが 5ほん あるよ。
あわせて なんぼんかな？

しき

まほうで かわいい
ヘアスタイルに
してあげますわ。

こたえ 　　 ほん

34 たしざん⑸

こたえ109ページ

1 たしざんを しよう。

① $3+8=$ ☐

② $2+9=$ ☐

③ $4+7=$ ☐

④ $5+8=$ ☐

2 ◯に あてはまる かずを かこう。

10の まとまりを つくり ましょう。

① $4+8=$ ◯

② $3+9=$ ◯

② ◯   ② ◯ ①

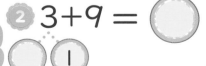

③ $6+8=$ ◯

④ $5+7=$ ◯

④ ◯   ④ ◯ ③

71

3 たしざんを しよう。

1 5+6　　**2** 6+9

3 4+9　　**4** 5+8

5 6+7　　**6** 5+9

4

しろい はなが 3ぼん
きいろい はなが 9ほん
さいているよ。
あわせて なんぼんかな？

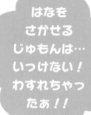

はなを
さかせる
じゅもんは…
いっけない！
わすれちゃっ
たぁ！！

しき

じゅもんの ほんで
かくにんして おいてね。

こたえ　　　　ほん

こたえ109ページ

1 たしざんを しよう。

① $6+6=\boxed{}$ ☆☆☆☆☆ ☆☆☆☆☆ ☆ ☆

② $8+7=\boxed{}$ ☆☆☆☆☆ ☆☆☆☆☆ ☆☆☆ ☆☆

③ $9+8=\boxed{}$ ☆☆☆☆☆ ☆☆☆☆☆ ☆☆☆☆☆ ☆☆☆

わ～ん。
むずかしい
よー！！

だいじょうぶ。
10の まとまりを
つくって いきましょう。

2 たしざんを しよう。

① $8+9$ ② $7+9$

③ $6+7$ ④ $7+8$

⑤ $9+6$ ⑥ $7+6$

3 くろい きんぎょが 8ぴき
あかい きんぎょも 8ぴき いるよ。
あわせて なんびきかな?

 しき

まほうで きんぎょばちを
おおきくしたよ。

こたえ □ ひき

4 こうえんで 6にん あそんで
いるよ。あとから 9にん
きたよ。みんなで なんにんかな?

 しき

「みんなで」だから…
なにざんに なるかな?

こたえ □ にん

1 ひきざんを しよう。

① $11 - 8 =$ ☐

(8)

② $13 - 9 =$ ☐

(9)

③ $12 - 8 =$ ☐

(8)

④ $14 - 9 =$ ☐

(9)

2 ◯に あてはまる かずを かこう。

① $12 - 9 =$ ◯

10　2

（①は 12を 10と 2に わけて、10から 9を ひきますのよ。）

② $11 - 9 =$ ◯

◯　1

③ $14 - 8 =$ ◯

10　◯

④ $15 - 8 =$ ◯

◯　5

3 ひきざんを しよう。

たくさん
れんしゅう
するぞー！

① 16−8

② 11−9

③ 17−9

④ 12−8

⑤ 13−8

⑥ 15−9

4 どんぐりが 16こ あるよ。
りすに 7こ あげたよ。
のこりは なんこかな？

しき [   ]

どんぐりが
へっちゃった！

こたえ [   ] こ

76

37 ひきざん⑸

がつ　にち
月　日

こたえ109ページ

1 ひきざんを しよう。

① 12−7 =

② 15−6 =

③ 13−5 =

④ 14−7 =

2 ◯に あてはまる かずを かこう。

① 11−7 = ◯
⑩ ◯

② 14−5 = ◯
◯ ④

③ 13−6 = ◯
⑩ ◯

④ 16−7 = ◯
◯ ⑥

77

3  ひきざんを しよう。

10と いくつに
わけた かずを
かいて おくと
いいですわ。

① $14-6$

② $15-7$

③ $12-5$

④ $11-6$

⑤ $13-7$

⑥ $16-9$

4 まほうの ジュースが 12ほん あるよ。 6ぽん のむと のこりは なんぼんかな?

しき

たしざんかな?
ひきざんかな?

こたえ ⬜ ぽん

1 ひきざんを しよう。

① 12−4 = ⬜

② 11−3 = ⬜

③ 13−5 = ⬜

2 ひきざんを しよう。

① 11−2　　② 13−4

③ 14−5　　④ 12−4

⑤ 11−3　　⑥ 12−5

3 チョウが 12ひき いるよ。
3びき にげると のこりは
なんびきかな？

しき

 にげられちゃったぁ…。 こたえ ☐ ひき

4 あおい ドレスが 11まい
きいろい ドレスが 4まい あるよ。
どちらが なんまい おおいかな？

 あおい ドレス, すてきですわ。

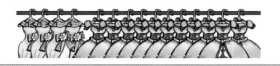

しき

こたえ ☐ い ドレスが ☐ まい おおい

月 日
こたえ110ページ

てん

1 けいさんを しよう。 1つ 5てん

① 4+9

② 8+7

③ 5+6

④ 3+8

⑤ 9+2

⑥ 7+7

⑦ 12−9

⑧ 15−6

⑨ 16−8

⑩ 11−4

⑪ 13−7

⑫ 18−9

けいさん
もんだいが
たくさん！！

たすのか
ひくのか
きを つけて
けいさんしましょう。

2 かいがらを 6まい
ひろったよ。
あと 8まい ひろうと
あわせて なんまいに
なるかな？

しき 10てん　こたえ 10てん

 しき

 まほうで たくさん
かいがらを だせる
ように なりたいな。

こたえ まい

3 カップケーキが 17こ
あるよ。8こ
たべると のこりは
なんこに なるかな？

しき 10てん　こたえ 10てん

 しき

 たべすぎちゃったぁ…。
まほうで なかった
ことに できないかなぁ…。

こたえ   こ

1

ブローチの　ほうせきが　とれちゃった！
もとどおりの　ばしょに　つける　ことが
できるかな？

まんなかの ⬠ の 8に ◇ の
かずを　たして，そとがわの ◆ の
かずに　なるように　せんで　むすぶんだね！

14

12

れい

6

5

4

8

17

7

9

13

15

けいさんしりとりで
もようを よびだしてみよう。

けいさんを して、こたえが つぎの
しきの はじめの かずに なるように
すすむんだね！

2

10 + 5

16 - 9

11 + 6

8 + 4

12 - 6

13 - 3

14 + 2

6 + 4

15 - 7

すたあと
スタート

17 - 8

6 + 4 = 10
だね。

せんで
つなぐと…
もようが
でてきたよ！

84

41 おおきい　かず(1)

41　おおきい　かず(1)

月　日

こたえ111ページ

1　かずを　すうじで　かこう。

①

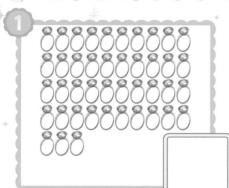

②
10　10　10　10　10

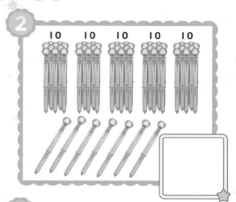

③
10　10　10
10　10

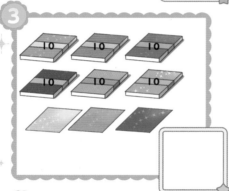

④
10　10　10
10

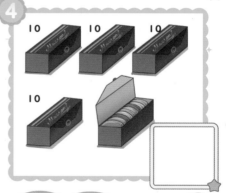

⑤
10　10　10
10　10　10
10

10の　まとまりは
いくつ　あるかしら？

かぞえまちがえ
を　しないように
ちゅういだね！

85

2 かずを すうじで かこう。

1

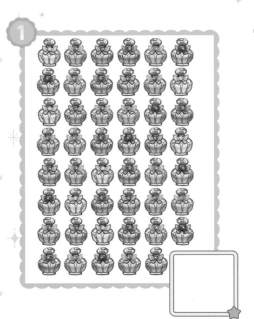

2

3

4

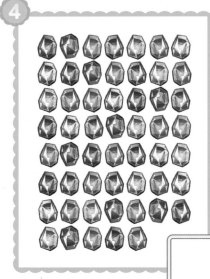

月　日
こたえ111ページ

1 □に あてはまる かずを かこう。

1 10が　7こで　　[　　]　,1が　3こで　　[　　]　,

70と　3で　[　　]

ゆっくり
じゅんばんに
かんがえて
いこう！

2 80は　10が　[　　]こ

3 95は　10が　[　　]こ,

1が　[　　]こ

2 □に あてはまる かずを かこう。

1 99より　[　　]　おおきい　かずは　100

100までの　かずを
かぞえられる　ように
しましょうね。

2 10が　[　　]こで　100

3 ☐に あてはまる かずを かこう。

① ☐　② ☐

80 — 90

かずの せんは
みぎへ いくほど
かずが おおきく
なるね。

4 かずを こたえよう。

① 60より 8 おおきい かず（　　　）

60 — 70 — 80

② 67より 5 ちいさい かず（　　　）

③ 68より 6 おおきい かず（　　　）

5 ◯に あてはまる かずを かこう。

① 98 - 99 - 100 - 101 - 102 - ◯

② 71 - 70 - ◯ - 68 - 67 - 66

1 むらさきいろの　ビーズが　50こ
オレンジいろの　ビーズが　30こ
あるよ。
ぜんぶで　なんこかな？

ピオニー！
おそろいの
ブレスレットを
つくろうよ！

しき　□　＋　□　＝　□

いいですわね。わたしは
むらさきいろの
ビーズで
つくりたいですわ。

こたえ　□　こ

2 けいさんを　しよう。

① 20＋70　　② 40＋60

③ 90−40　　④ 100−70

おおきい　かずの
けいさんも
へっちゃらだね！

3 けいさんを　しよう。

① 30+4

② 70+9

③ 50+8

④ 96−6

⑤ 82−2

⑥ 65−5

4 57ほんの　はなたばが　あるよ。
はなたばの　なかから　かびんに
7ほん　いれたよ。はなたばには
なんぼん　のこっているかな？

しき

ふえたかな？
へったかな？

こたえ ☐ ぽん

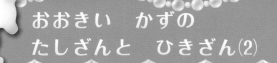

1 ほしの シールが 32まい、ハートの シールが 6まい あるよ。あわせて なんまいかな？

おはなの シールも まほうで だすよ！「るし☆るーで！！」

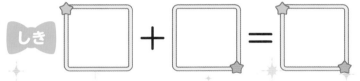

しき　□ ＋ □ ＝ □

まほう レベルが あがって きましたね。

こたえ □ まい

2 けいさんを しよう。

① 41＋5　　② 63＋2

③ 85＋3　　④ 72＋7

91

3 けいさんを しよう。

一のくらいに ちゅうもく しよう。

① 59−8   ② 25−3

③ 46−2   ④ 88−7

⑤ 97−5   ⑥ 65−2

4 こうていで 29にんが あそんで いるよ。 6にん かえると なんにんに なるかな？

しき

```
```

6にん かえるから… なにざんに なるのぉ？

こたえ □ にん

1 まほうの ステッキが 7ほん あるよ。コンパクトは ステッキより 4こ おおいよ。コンパクトは ぜんぶで なんこかな？

□ に あてはまる かずを かこう。

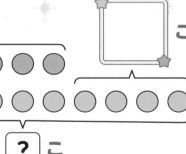

わかりやすく なるように ずを かくよ！
「まるまるぽん！」

□ ほん

□ こ

ステッキ ●●●●●●●
コンパクト ●●●●●●● ●●●●

? こ

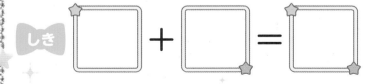

しき □ ＋ □ ＝ □

○を つかった ずで かんがえると わかりやすいですわ。

こたえ □ こ

93

2

そらとぶ カーペットに 9にん
のって いるよ。
この カーペットには 15にんまで
のれるよ。
あと なんにん のれるかな?

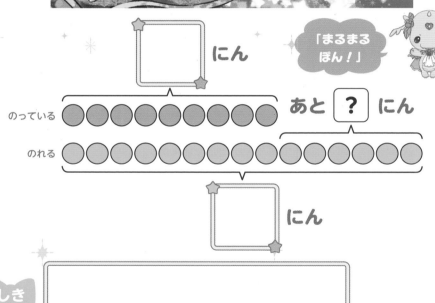

□にん

「まるまる
ぽん!」

のっている ●●●●●●●●● あと ? にん

のれる ○○○○○○○○○○○○○○○

□にん

しき □

じぶんでも ずが
かけるように
れんしゅうしておこう。

こたえ □にん

1 ピオニーは　まえから　5ばんめに
いるよ。
ピオニーの　うしろに　6にん
いるよ。
ぜんぶで　なんにんかな？
□に　あてはまる　かずを　かこう。

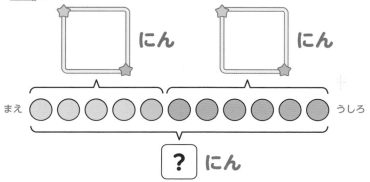

□ にん　　　□ にん

まえ ◯◯◯◯◯●●●●●● うしろ

? にん

しき □ ＋ □ ＝ □

こたえ □ にん

「なんばんめ」って
まえに
ならったよね。

そうだね。
1ばんめから
5ばんめまでは
なんにん
いるのかなぁ？

2 ピンクの いしの
ひだりには 7こ，
みぎには 5こ
いしが あるよ。
ぜんぶで なんこかな？
ずの つづきを かいて
かんがえよう。

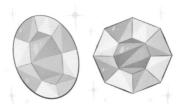

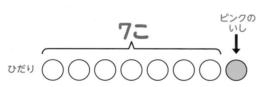

7こ

ピンクの
いし
↓

ひだり ○○○○○○○ ●

しき
┌─────────────────────────┐
│   │
└─────────────────────────┘

こたえ ☐ こ

ぜんぶの いしを
ならべて，まほうで
ネックレスに
してほしい！！

あら？ だれかに
プレゼント
するのかしら？

まとめてすと⑤

1 □に あてはまる かずを かこう。 1つ 6てん

① □ と 8で 58

ここまで よく がんばったね！

② 70と 4で □

さいごまで がんばれ！

③ 50と □ で 100

2 けいさんを しよう。 1つ 7てん

① 40+30　　② 90-20

③ 30+6　　④ 79-9

⑤ 54+5　　⑥ 94-4

⑦ 61+7　　⑧ 85-3

3 いちごが 14こ
あるよ。
オレンジは いちごより
6こ すくなかったよ。
オレンジは なんこかな？

ず 1つ 3てん｜しき 10てん｜こたえ 10てん

☐ こ

いちご ●●●●●●●● ●●●●●●

オレンジ ●●●●●●●●

？ こ

☐ こ

しき ☐

ずの かきかたは
わかったぁ？
もんだいを よく
よもうね！

こたえ ☐ こ

2ねんせいでも
ずを つかった
もんだいが
でてきますが，
これで
ばっちりですわね。

98

①

月 日　こたえ112ページ

まほうの　ハイパービームで
まとあて　ゲームを　するよ！

ダリアチーム

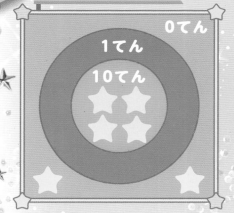

0てん
1てん
10てん

アイリスチーム

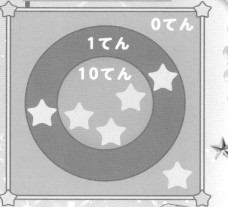

0てん
1てん
10てん

10 てんが　4 こで

10 てんが　3 こと
1 てんが　2 こで

①  てん

②  てん

2

まほうの テストを うけたよ。
てんすうが おおいほうが かちだよ。

かった ほうに ○を つけてね。

① モカ たい ラテ

63 てん   75 てん

[   ]   [   ]

② ダリア たい アイリス

93 てん   90 てん

[   ]   [   ]

みんな
さいごまで よく
がんばったね!

2ねんせいに
なっても
がんばりましょう。

こたえ

なかまづくり　5～6ページ

1 ①

② ブローチ

2 ①(例)
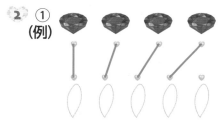

②

5までの　かず　7～8ページ

1 省略

2
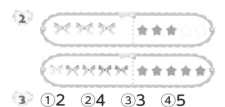

3 ①2　②4　③3　④5

③ 10までの　かず　9～10ページ

1 省略

2 ①6　②8　③9
　④7　⑤10

④ 0と　いう　かず　11～12ページ

1 省略

2 ①3　②2　③1　④0
3 ①2　②0　③1　④4　⑤3

5 かんがえる　ちからを つけよう1
13〜14ページ

① え

アドバイス

あは「□が3こと◇が2こ」，いは「□が3こと◇が4こ」…のように，□と◇の数を数字で書かせておくと，考えやすくなります。この作業を通して，数を数字で表すことの利便性を実感させます。

②

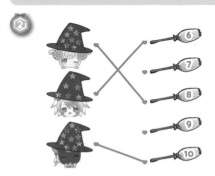

アドバイス

☆の数を数えて，その数に合う数字と線で結びます。数を数えるときには，数えたものに印をつけていくと，数え忘れや重なりを防ぐことができます。

6 1から　10までの かず(1)
15〜16ページ

①

②

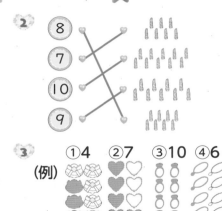

③ ①4　②7　③10　④6

（例）

アドバイス

数え間違いがないように，数えたものに✔印をつけるなど，工夫させるとよいです。

7 1から　10までの かず(2)
17〜18ページ

①

① 3 … 2
② 5 … 7
③ 1 … 6
④ 8 … 4
⑤ 9 … 10

② ①4　②7　③8　④7　⑤7

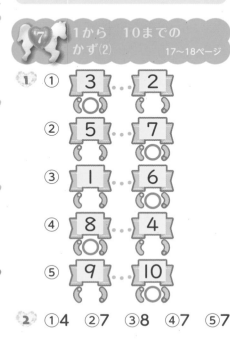

1 ①3　②2　③2　④4　⑤6

2 ①

②

③

④

1 ①5　②4　③4　④6

2 ①4　②2，6　③7，1

1 ♥

ピンク，…が繰り返されていることに気づかせます。9番目の色が白なので，10番目の色はピンクです。形と色のきまりから，10番目を考えます。

2 （左から順に）3，6，7，9

1 ①4　②3　③2　④1

2 ①5　②4　③3　④2　⑤1

3

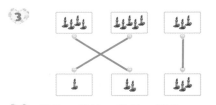

4 ①2　②5　③5　④6

1 ①6　②4　③2　④1

2 ①7　②6　③4　④3

3

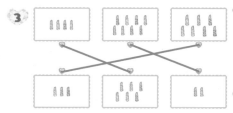

4 ①5 ②4 ③7 ④8

3 5, 2

4 ①5 ②5 ③2 ④7

アドバイス

わからないときは，〇をかいたり，おは
じきなどを使って考えるとよいです。
慣れてきたら，数字だけで考えさせまし
ょう。

13 いくつと いくつ③
29～30ページ

1 ①8 ②7 ③5 ④2

2 ①9 ②7 ③5 ④4

3

4 ①6 ②8 ③9 ④10

15 かんがえる ちからを つけよう3
33～34ページ

1 3

アドバイス

「10は，7といくつ」を考えます。
箱を開けなくても中の数がわかることは，
子供にとっては不思議な体験です。理解
が難しい場合は，おはじきなど実物を使
うとよいでしょう。

2 ①6 ②4, 3

アドバイス

①では，「4といくつで10」の考え方を活
用します。
②では，コンパクト，ステッキそれぞれ
について考えます。
コンパクトは，「1といくつで5」ステッキ
は，「3といくつで6」かを考えさせましょう。
理解が難しいようでしたら，コンパクトや
ステッキの型紙を用意して，実際に追加す
る作業をさせると，理解を助けます。

14 まとめてすと① 31～32ページ

1

2 ① 7 3 （○） （ ）
② 10 1 （○） （ ）
③ 5 4 （○） （ ）
④ 8 9 （ ） （○）

たしざん① 35〜36ページ

① ①しき　2+3=5
　　　　　こたえ　5こ
　②しき　6+2=8
　　　　　こたえ　8ほん
② ①3　②7　③8　④7　⑤9
　⑥10
③ しき　2+7=9
　　　　　こたえ　9こ

アドバイス
「あわせて」「ふえると」はたし算を使う
ことを理解させましょう。

---

17 **たしざん②** 37〜38ページ

① ①しき　4+4=8
　　　　　こたえ　8こ
　②しき　3+6=9
　　　　　こたえ　9こ
② ①6　②5　③10　④8
　⑤9　⑥8
③ しき　5+3=8
　　　　　こたえ　8ひき

---

18 **たしざん③** 39〜40ページ

① ①しき　6+3=9
　　　　　こたえ　9ほん
　②しき　2+5=7
　　　　　こたえ　7ひき

---

② ①4　②8　③10　④10
　⑤9　⑥10
③ しき　3+3=6
　　　　　こたえ　6さつ

---

19 **ひきざん①** 41〜42ページ

① ①しき　4−1=3
　　　　　こたえ　3まい
　②しき　7−2=5
　　　　　こたえ　5ひき
② ①1　②2　③3　④8
　⑤2　⑥1
③ しき　9−3=6
　　　　　こたえ　6こ

アドバイス
「のこりは」や「ちがいは」はひき算を使
うことを理解させましょう。

---

20 **ひきざん②** 43〜44ページ

① ①しき　6−3=3
　　　　　こたえ　3こ
　②しき　8−6=2
　　　　　こたえ　2まい
② ①4　②1　③3　④2
　⑤4　⑥6
③ しき　5−2=3
　　　　　こたえ　3こ

③ しき　3+7=10
こたえ　10まい

④ しき　8-6=2
こたえ　2こ

アドバイス

「ぜんぶで」や「のこりは」などの言葉に着目させ，たし算なのかひき算なのかを考えさせましょう。

---

21 ひきざん③ 45～46ページ

1 ① しき　9-4=5
こたえ　5まい

② しき　7-3=4
こたえ　4こ

2 ①2　②2　③1　④4
⑤6　⑥8

3 しき　8-7=1
こたえ　1こ

---

22 0の たしざんとひきざん 47～48ページ

1 ① しき　3+0=3
こたえ　3こ

② しき　8-8=0
こたえ　0まい

2 ①3　②2　③0　④7
⑤9　⑥0

3 しき　9-0=9
こたえ　9ひき

アドバイス

0をたしても，0をひいても，答えは変わらないことを理解させます。

---

24 かんがえる ちからをつけよう4 51～52ページ

1 ①＋　②－　③－

アドバイス

①4と7を比べると，数が増加していることから，たし算の式であることがわかるので，記号は「＋」です。
②8と6を比べると，数が減少していることから，ひき算の式であることがわかるので，記号は「－」です。
③9から1減って8になっているので，ひき算の式です。

2 ⓐ8　ⓘ7　ⓤ2　ⓔ9

アドバイス

ⓐ5+3=8，ⓘ8-1=7
ⓤ7-5=2，ⓔ2+7=9

---

23 まとめてすと② 49～50ページ

1 ①8　②9　③10　④10
⑤2　⑥9

2 ①6　②1　③4　④1　⑤3
⑥0

25 10より おおきい かず① 53〜54ページ

1 ①12 ②15 ③16 ④18
 ⑤13

2 ①13 ②7 ③10

3 ①4 ②10 ③16 ④20

アドバイス
2けたのたし算・ひき算の基礎となる考え方を身につける問題です。
10から20までの数を「10といくつ」と答えられるように練習しましょう。

26 10より おおきい かず② 55〜56ページ

1 ①15 ②20

2 ① 11 ……… 10
   (○) ( )
 ② 9 ……… 19
   ( ) (○)
 ③ 13 ……… 14
   ( ) (○)
 ④ 20 ……… 10
   (○) ( )

アドバイス
数の大小は，十の位，一の位の順に比べることを覚えさせます。
補助的に数直線を使うのもよいです。

3 ①11 ②14 ③16 ④15
 ⑤13

27 10より おおきい かず③ 57〜58ページ

1 ①21 ②30 ③27 ④35
 ⑤24 ⑥33

アドバイス
「10のまとまりがいくつ，1がいくつ」というように数えられているか確認しましょう。

2 ①6 ②30 ③31 ④20
 ⑤20 ⑥29

28 10より おおきい かずの たしざんと ひきざん 59〜60ページ

1 ①14 ②10 ③18 ④12

2 ①6 ②17

3 ①15 ②10 ③14
 ④14 ⑤19 ⑥12

4 しき 14−3=11
   こたえ 11こ

29 3つの かずの けいさん① 61〜62ページ

1 しき 1+3+2=6
   こたえ 6にん

2 ①9 ②10 ③10
 ④1 ⑤2 ⑥2

3 しき 9−1−2=6
   こたえ 6ぴき

30 3つの かずの けいさん② 63〜64ページ

1 しき　4−2+5=7
　　　　こたえ　7まい

2 ①5　②5　③4　④7
　　⑤9　⑥3

アドバイス
「6−3+2」を「6−3=3，3+2=5」の
ように左から順に計算できているか確認
しましょう。

3 しき　3+5−4=4
　　　　こたえ　4ほん

31 まとめてすと③ 65〜66ページ

1 ①15　②24　③37

2 ①20　②4　③20　④32

3 ①16　②17　③10　④14
　　⑤10　⑥2　⑦9　⑧3

アドバイス
いろいろなたし算・ひき算がまざってい
ても，計算ができているかを確認します。
28〜30回に戻って復習するのもよいで
す。

4 しき　18−6=12
　　こたえ　ブローチが
　　　　　　　　12こ　おおい

32 かんがえる ちからを つけよう5 67〜68ページ

1

アドバイス
始点となる10が3つあります。どの10か
ら始めればよいか，先を見通して考えま
す。失敗すれば，別の道を考えます。試行
錯誤しながら，ゴールを目指しましょう。

2 ①「あきません」に　○
　　②「あきます」に　○

アドバイス
①3+7+5=15　3つの数をたして18にな
らないので，開きません。
②3+7+8=18　3つの数をたして18だか
ら，かぎが開きます。
問題の読解力も必要です。必要に応じて，
ルールを説明してあげましょう。

33 たしざん④ 69〜70ページ

1 ①11　②12　③13　④14

2 ① 9+6 = 15　② 8+5 = 13
　　　　 1 5　　　　　　2 3
　　③ 7+6 = 13　④ 9+3 = 12
　　　　 3 3　　　　　　1 2

3 ①12　②14　③16　④15
　　⑤11　⑥17

4 しき　9+5=14
　　　こたえ　14ほん

---

34 たしざん⑸　71〜72ページ

1 ①11　②11　③11　④13

2 ① 4+8＝⑫　② 3+9＝⑫
　　 ②②　　　　 ②①

　　③ 6+8＝⑭　④ 5+7＝⑫
　　 ④②　　　　 ②③

3 ①11　②15　③13　④13
　　⑤13　⑥14

4 しき　3+9=12
　　　こたえ　12ほん

---

35 たしざん⑹　73〜74ページ

1 ①12　②15　③17

2 ①17　②16　③13　④15
　　⑤15　⑥13

3 しき　8+8=16
　　　こたえ　16ひき

4 しき　6+9=15
　　　こたえ　15にん

---

36 ひきざん⑷　75〜76ページ

1 ①3　②4　③4　④5

2 ①12-9＝③　②11-9＝②
　　 ⑩②　　　　 ⑩①

　　③14-8＝⑥　④15-8＝⑦
　　 ⑩④　　　　 ⑩⑤

3 ①8　②2　③8　④4
　　⑤5　⑥6

4 しき　16-7=9
　　　こたえ　9こ

---

37 ひきざん⑸　77〜78ページ

1 ①5　②9　③8　④7

2 ① 11-7＝④　② 14-5＝⑨
　　 ⑩①　　　　 ⑩④

　　③ 13-6＝⑦　④ 16-7＝⑨
　　 ⑩③　　　　 ⑩③

3 ①8 ②8 ③7 ④5
　　⑤6 ⑥7

4 しき　12−6＝6
　　　　　こたえ　6ぽん

2 しき　6＋8＝14
　　　　　こたえ　14まい

3 しき　17−8＝9
　　　　　こたえ　9こ

---

38 ひきざん⑥　79〜80ページ

1 ①8 ②8 ③8

2 ①9 ②9 ③9 ④8
　　⑤8 ⑥7

アドバイス
ひく数が小さくても，36回，37回と同じように考えればよいことを理解させます。

3 しき　12−3＝9
　　　　　こたえ　9ひき

4 しき　11−4＝7
　こたえ　あおい　ドレスが
　　　　　　　　　7まい　おおい

---

39 まとめてすと④　81〜82ページ

1 ①13 ②15 ③11 ④11
　　⑤11 ⑥14 ⑦3 ⑧9
　　⑨8 ⑩7 ⑪6 ⑫9

アドバイス
繰り上がりのあるたし算は33〜35回，繰り下がりのあるひき算は36〜38回に戻って復習するとよいです。

---

40 かんがえる　ちからを
つけよう6　83〜84ページ

①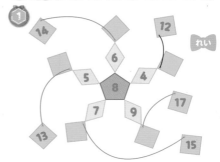

アドバイス
繰り上がりのある1けたのたし算をします。
8＋9＝17, 8＋7＝15, 8＋5＝13, 8＋6＝14
計算をして答えを求めてから，答えのカードを探すようにしましょう。

②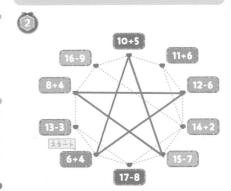

アドバイス

6＋4＝10→10＋5＝15→15−7＝8→
8＋4＝12→12−6＝6の順で結んでいきます。

---

41 おおきい　かず⑴

85～86ページ

1 ①43　②57　③63
　　④49　⑤76

2 ①47　②51　③60　④54

アドバイス

10ずつ〇で囲んで，「10がいくつと1がい
くつ」と考えさせましょう。

---

42 おおきい　かず⑵

87～88ページ

1 ①70，3，73　②8
　　③9，5

2 ①1　②10

3 ①86　②100

4 ①68　②62　③74

アドバイス

数直線を使って，数の大小の感覚を身に
つけます。目盛りを確認させながら，練
習させるとよいでしょう。

5 ①103　②69

---

43 おおきい　かずの　たしざんと
ひきざん⑴

89～90ページ

1 しき　50＋30＝80
　　　　こたえ　80こ

---

2 ①90　②100　③50
　　④30

アドバイス

「10のまとまりがいくつといくつ」とい
うように考えさせます。

3 ①34　②79　③58
　　④90　⑤80　⑥60

4 しき　57−7＝50
　　　　こたえ　50ぽん

---

44 おおきい　かずの　たしざんと
ひきざん⑵

91～92ページ

1 しき　32＋6＝38
　　　　こたえ　38まい

2 ①46　②65　③88　④79

3 ①51　②22　③44　④81
　　⑤92　⑥63

4 しき　29−6＝23
　　　　こたえ　23にん

---

45 たしざんと　ひきざん⑴

93～94ページ

1

7 ほん

4 こ

ステッキ
コンパクト

? こ

しき　7＋4＝11
　　　　こたえ　11こ

2

しき　15−9=6

　　　こたえ　6にん

---

46 たしざんと　ひきざん⑵
95〜96ページ

1

しき　5+6=11

　　　こたえ　11にん

2 （例）

しき　7+1+5=13

　　　こたえ　13こ

アドバイス

問題文にある数字だけをたしたりひいたりする児童もいます。図をかいて考えることに慣れさせましょう。

---

47 まとめてすと⑤ 97〜98ページ

1 ①50　②74　③50

---

2 ①70　②70　③36　④70
　　⑤59　⑥90　⑦68　⑧82

3

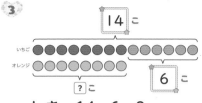

しき　14−6=8

　　　こたえ　8こ

---

48 かんがえる　ちからを つけよう7 99〜100ページ

1 ①40　②32

アドバイス

理解が難しいようなら，

十のくらい	一のくらい

このような表を使うとよいでしょう。
①は，一の位に0を書きます。

2 ①63てん　　75てん

②93てん　　90てん

アドバイス

2けたの数の大小比較をします。
大きい位から順に比較します。
①まず，十の位の数字6と7を比べます。
②十の位の数字がどちらも9だから，一の位の数字で比較します。